哈哈哈哈！

它们古怪又搞笑

我没头没尾

[法]让-巴蒂斯特·德帕纳菲厄 著

[法]阿内-利斯·孔博 [法]马蒂厄·罗特勒尔 绘

时征 译

U0258718

中信出版集团 | 北京

图书在版编目（CIP）数据

我没头没尾 / (法) 让 - 巴蒂斯特·德帕纳菲厄著 ;
(法) 阿内 - 利斯·孔博, (法) 马蒂厄·罗特勒尔绘 ; 时
征译 . -- 北京 : 中信出版社 , 2021.1
（哈哈哈哈！它们古怪又搞笑）
ISBN 978-7-5217-2560-5

Ⅰ . ①我… Ⅱ . ①让… ②阿… ③马… ④时… Ⅲ .
①动物－少儿读物 Ⅳ . ① Q95-49

中国版本图书馆 CIP 数据核字 (2020) 第 247818 号

我没头没尾
（哈哈哈哈！它们古怪又搞笑）

著　　者：[法] 让 - 巴蒂斯特·德帕纳菲厄
绘　　者：[法] 阿内 - 利斯·孔博　　[法] 马蒂厄·罗特勒尔
译　　者：时征
出版发行：中信出版集团股份有限公司
　　　　　（北京市朝阳区惠新东街甲4号富盛大厦2座　邮编　100029）
承 印 者：北京尚唐印刷包装有限公司

开　　本：889mm×1194mm　1/16　印　张：5　　字　　数：150 千字
版　　次：2021 年 1 月第 1 版　　印　　次：2021 年 1 月第 1 次印刷
京权图字：01-2019-4369
书　　号：ISBN 978-7-5217-2560-5
定　　价：28.00 元

目录

看不见的动物多样性

　　最与众不同的动物并非全都躲藏在亚马孙森林的树丛里，或隐身于海洋深处的黑暗中！有一些其实就生活在我们眼皮底下，只不过它们是那么微小，那么隐秘，以至于被我们忽视了。还有一些长得实在太离奇了，以至于我们根本没把它们当作动物！它们看上去没头没尾，有些至少还能分辨出前后，另外一些甚至连固定的形状都没有。

　　过去，我们给它们起名为"无脊椎动物"。但事实上，如果它们既没有脊柱也没有头盖骨，那这样的命名就不够准确了。无论是形状、颜色、器官还是繁殖方式，它们彼此间有着天壤之别。动物学家根据这些动物身上某些只剩其形的器官为特征，把它们划分成30多个不同门类。

　　尽管个头儿不大，它们却很不简单！这些小动物大多数都没有大脑，但它们嘴巴周围总会长有某种触须、触手、触角或螯肢。根据不同的分类，它们可能会拥有一个神经系统，一只或多只眼睛，一颗心脏或一个肾脏。这些动物中有很多种类在上亿年前就出现了，至今也没有太大变化。为了找到它们之间的亲缘关系，我们不得不回到遥远的古代，以重拾它们的历史。

　　海蜘蛛、水蚤、水熊、皮海绵、扇羽海牛……它们的名字让我们浮想联翩。不过，就像其他物种一样，它们也受到了生存环境被破坏、污染以及气候变暖的威胁。它们很小，也不太出名，但在土壤或海洋里扮演着举足轻重的角色。尽管不易被察觉，但它们同样是生物多样性的代表，也许比鸭嘴兽还古怪，比大象更神奇，所以，我们绝不能忽视它们！

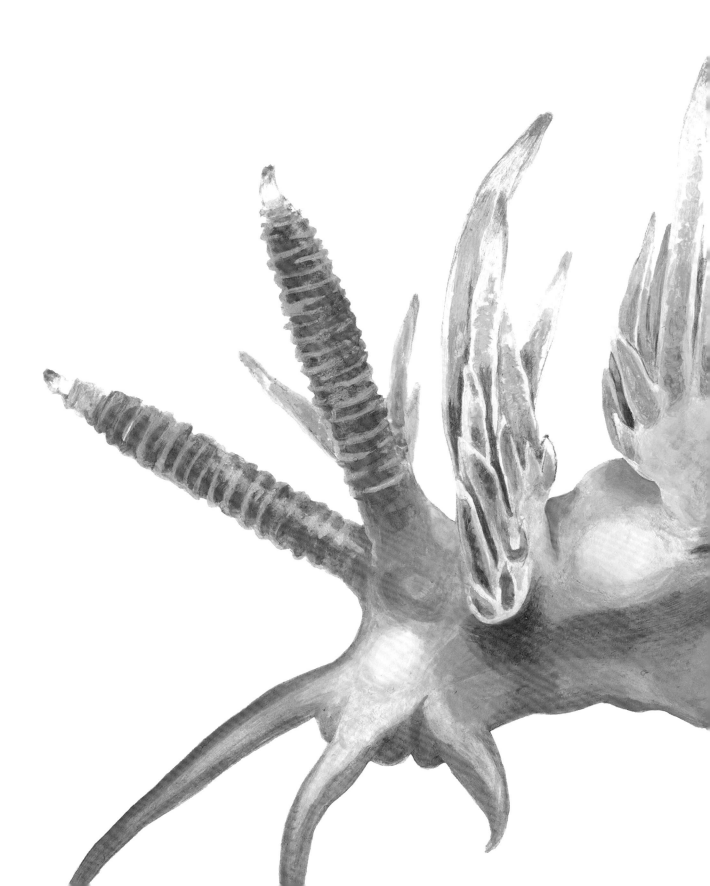

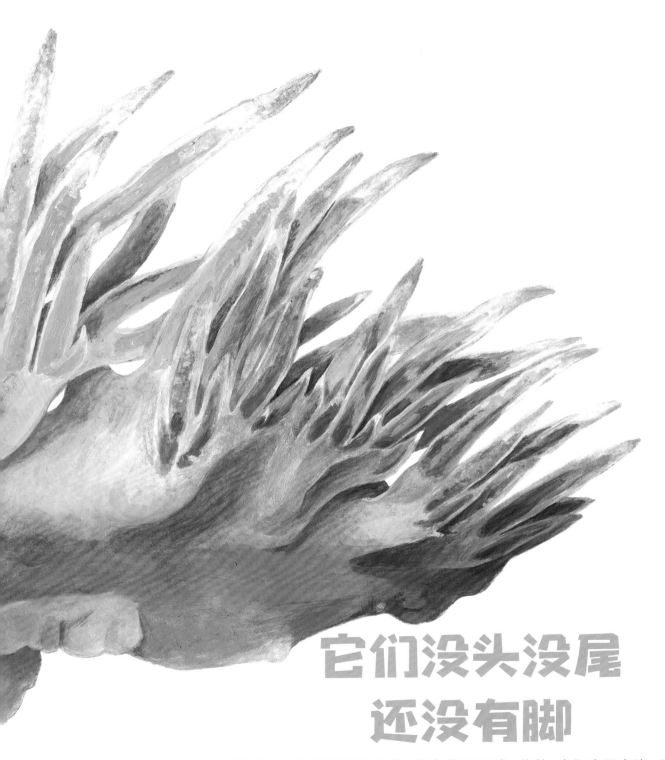

它们没头没尾
还没有脚

这些小动物虽然没有脑袋，但有嘴和眼睛。此外，它们也没有脚，而是通过触须、波动膜或喷射管等器官的帮助来完成移动！

紫红扇羽海牛

这种身材小巧的海蛞蝓在地中海中很常见，它们身体前部长有两个环纹的触角，叫作鼻通气管，是它们的嗅觉器官（用来感知气味）。口部周围有四根更细的触角，是用来辨别周围情况的。背部长有很多长长的枝状突起，起到鳃的作用，以协助它们完成呼吸。我们能清楚地观察到它们体内橙色的消化管。

动物学分类: 软体动物门腹足纲裸鳃亚目
地域分布: 大西洋，地中海
生存环境: 最深可达海下50米的海底岩石区
体长: 约5厘米
食物: 水螅

有关它们的名字，你还应该知道的……
紫红扇羽海牛，学名*Flabellina affinis*，在拉丁语中的意思是"长得像一把小扇子"。

◀ 与众不同的扇羽海牛

扇羽海牛以水螅为食。水螅是一种与海葵和水母有亲缘关系的小动物，它们也拥有相同的防卫工具——刺丝囊，这是一种特化细胞，能够发射一种微小的"鱼叉"并注射毒液。因此，扇羽海牛的食物周身都是有毒物质。不过扇羽海牛丝毫不会受到这些毒素的影响，还会把猎物身上的这些毒素积累起来，转移到自己背部的枝状突起处，从而使自己也拥有了一种有毒武器！

扇羽海牛所属的大家庭 ▶

海蛞蝓是裸鳃类动物大家庭中的一员，这类动物一共有将近3000种，身影遍布所有海洋，有些甚至生活在深海中。它们中的一些成员是有毒的，而这些毒素往往来自它们的食物：海葵、珊瑚虫、海绵以及一些身材更小的海蛞蝓。这个大家庭中个头儿最大的成员，是在加利福尼亚发现的一种长相怪异的海兔，它足有1米长，体重也达到了14千克！

你知道吗？

警告

有一些裸鳃类动物的外表呈现荧光黄色、亮橙色或紫色，甚至有些种类同时拥有这几种颜色！它们这么做绝不是为了伪装，事实恰恰相反，它们鲜艳的颜色对掠食者来说是一种明显的警告：花里胡哨的颜色＝极度危险。在现实中，确实很少有动物会冒险去吃它们。这些裸鳃类动物往往是从食物中获取所需的色素来装扮自己。

—它们没头没尾还没有脚—

鹦鹉螺

动物学分类: 软体动物门头足纲

地域分布: 印度洋、太平洋

生存环境: 几百米深的海底

直径: 约20厘米

食物: 螃蟹、小鱼

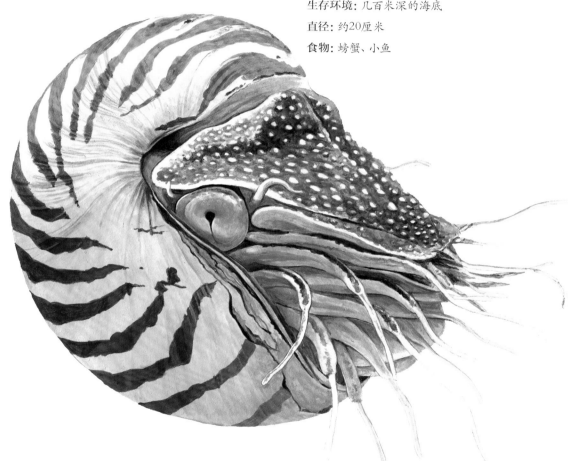

　　这种软体动物生活在一个美丽的螺旋形盘卷中,这个螺旋形外壳由很多腔室构成。它们长有两只大眼睛和几十条帮它们捕捉食物的腕足。这些腕足没有吸盘,但具有黏性。所有腕足都长在它们的角质喙的周围,它们的角质喙与章鱼的相似。

有关它们的名字,你还应该知道的……
珍珠鹦鹉螺,学名*Nautilus pompilius*,在希腊语中的意思是"海洋中的罗盘"。

◀ 与众不同的鹦鹉螺

鹦鹉螺的外壳对它们而言是一种保护装置，但也能起到潜艇压载舱的作用，用来改变它们在水中的浮力！外壳被分为多个腔室，呈螺旋形排列，鹦鹉螺本身只占据最后一个向外开放的腔室。其他腔室中都充满气体和液体的混合物，鹦鹉螺可以通过各腔室相连的管道来改变里面的配重。无论处于什么深度，它们都能保持平衡，甚至海底。

鹦鹉螺所属的大家庭 ▶

和章鱼、乌贼以及鱿鱼一样，鹦鹉螺也属于头足纲动物，也就是说在头部长有腕足的动物。目前现存6种鹦鹉螺，都生活在热带海洋中。在上亿年前的古生代和中生代时期，它们的数量非常庞大。在那时的海洋中还生活着另外一种叫作菊石的头足纲动物，不过它们在6600万年前就和恐龙一同灭绝了。鹦鹉螺却活了下来，我们并不知道它们是如何做到的！

你知道吗？

著名的"鹦鹉螺"

在儒勒·凡尔纳的笔下，尼摩船长的那艘潜艇就叫这个名字。此后，法国和美国的多艘潜艇都以"鹦鹉螺"为名。不过，鹦鹉螺本身是圆形的，行动缓慢，看上去与这些潜艇真的一点儿也不像！在法国，另一艘"鹦鹉螺"于1984年建成，主要用于海洋研究，能够下潜到6000米深的海底。

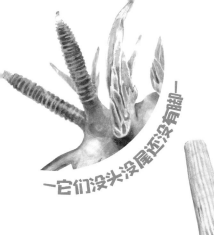

—它们没头没屁还没有脚—

角贝

角贝的贝壳看上去就像从根部断掉的象牙。实际上，贝壳的内部是中空的，以便软体动物藏身其中。角贝生活在海底的沙层下，贝壳的尖端露出沙外。它们的头部退化得几乎只剩下一张嘴了，没有眼睛，也没有其他感觉器官。它们通过海水在贝壳内的循环来获取所需的氧气和食物。

动物学分类: 软体动物门掘足纲
地域分布: 全球海域
生存环境: 最深可达海下2000米的海底沙层
体长: 最长可达6厘米
食物: 原生动物及微型藻类

有关它们的名字，你还应该知道的……
角贝，属名 *Dentalium*，在希腊语中是"普通牙齿形状的（动物）"的意思。掘足纲是指"足的形状像船底一样的一类动物"。

呼哧!

呼哧!

让-马克，需要我把叉子借给你吗？

◀ 与众不同的角贝

和蜗牛一样，角贝的足也能从贝壳的开口处伸出来。它们的足非常强壮，能够用来挖掘沙土，以便把整个身体藏进去。足的周围长有触须，能挖掘海底沉积物，以攫取小动物或残骸为食。这些触须能分泌黏液，可将食物粘住再送到嘴里。

角贝所属的大家庭 ▶

目前已知的角贝大概有350种，长度从0.5厘米到15厘米不等，分布在世界各处海洋之中，有些甚至生活在7000米深的海底。生活在欧洲海岸附近的角贝，尽管生活在浅海区，但生存环境也完全处于水下，人们在潜水时可以发现它们的身影，或是在沙滩上看到它们的壳。有一种生活在太平洋中的角贝，很长时间以来都被北美印第安人当作货币使用。

这不是经济危机了嘛。

10枚角贝才换一个小面包?!

你好!

10J

你知道吗？

生日快乐，宝贝!

又来了!

用角贝做成的服饰

一万年前，一个大约3~4岁的孩子被葬在了多尔多涅地区的一个岩洞中，这个岩洞今天被我们称作玛德琳岩洞。孩子穿着的衣服已经没有任何痕迹可考，只剩下上面缝合的装饰物：900枚角贝和很多其他贝壳，这些贝壳应该都是从海滩拾回来的。而大海与岩洞之间的距离超过200千米！衣服上的所有角贝都被锯开，以便能穿成规则的串饰形状，这可真是个难以置信的大工程啊！

圣雅克扇贝

　　圣雅克扇贝的贝壳分为两片，一片是平的，另一片则向外凸起。通常，圣雅克扇贝的两片壳是张开的，以便能让水流更好地在身体内部循环。在此过程中，它们会把水流中包含的微型藻类和浮游生物过滤下来当作食物。

　　当两片外壳猛然闭合时，其喷射出来的水柱能够让它们朝相反方向弹射出数米远，从而避开它们最主要的天敌——海星的捕食。

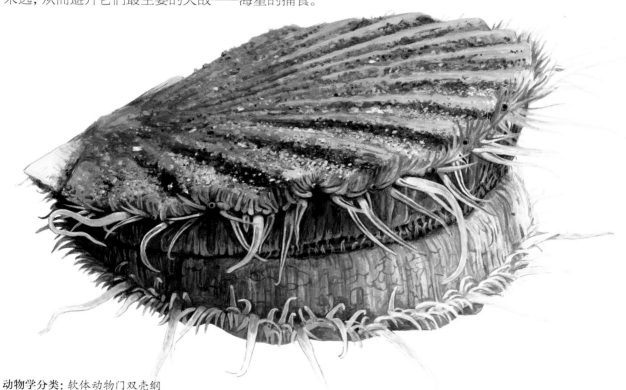

动物学分类：软体动物门双壳纲

地域分布：大西洋东北部

生存环境：最深可达海下200米的海底泥沙区

体长：约17厘米

食物：浮游生物和微型藻类

有关它们的名字，你还应该知道的……

圣雅克扇贝，也叫大扇贝、国王扇贝、欧洲扇贝等，学名*Pecten maximus*，在拉丁语中是"很大的梳子"的意思。

这些眼镜我全要了!

◄ 与众不同的圣雅克扇贝

圣雅克扇贝虽然没有脑袋,但它们是有眼睛的!和所有双壳纲动物一样,它们也被贝壳"外衣"保护着,在这身"外衣"周围,长有很多条触须和一百只单眼(一种非常简单的眼睛)。每只眼睛都能检测到光线的变化,从而能虚拟出敌人的影子。根据眼睛传递的信息,它们便可以判断出潜在的危险来自哪个方向,然后通过猛然闭合贝壳的方式朝相反方向逃生。

圣雅克扇贝所属的大家庭 ►

目前已知的双壳纲动物约有2万种,圣雅克扇贝属于扇贝大家庭的一员,家庭成员共有约350个。这些能够迅速移动的扇贝,视力也是双壳纲动物中最好的。当然,在它们选择栖息地时,良好的视觉同样也起到了关键作用。至于另外一些双壳纲动物,往往在掠食者靠近时只能选择将壳闭紧,但在很多时候,这样的保护措施远远不够!

看,又是勒内!

嘶!

他还是这么近视!

5点起床!热身,然后练习自由泳,然后练习憋气和潜水!晚上10点熄灯!

如果谁不好好做,就会被丢到贻贝堆里!

过度捕捞

人们习惯于借助捞网捕捞圣雅克扇贝,这是一种金属材质的网,能够抄底。这种技术非常有效,以至于有些地方的圣雅克扇贝已经被捕捞殆尽。如今,人们只被允许在每年10月1日到次年5月5日之间进行捕捞,每周进行捕捞的时间也不能超过几个小时。此外,被捕捞上来的扇贝的大小还需要超过10厘米。这样的规定为它们留出了繁殖的时间。就像对待贻贝一样,人们也开始人工养殖这些扇贝,并把一些还未长成的扇贝放生到海底以丰富它们的种群数量。

一它们没头没屁还没有脚一

轮虫

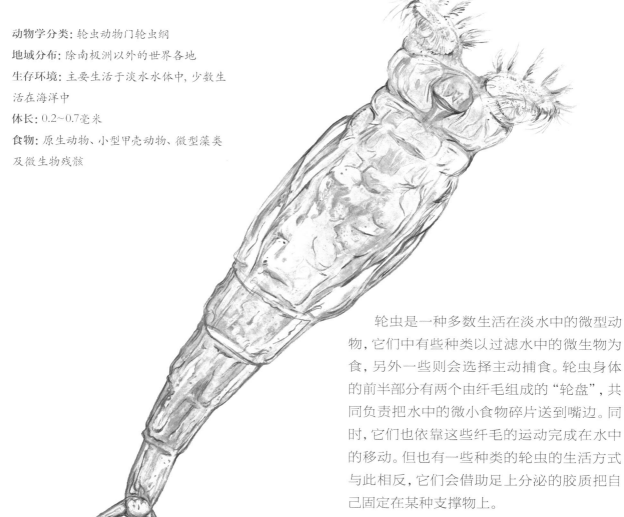

动物学分类: 轮虫动物门轮虫纲

地域分布: 除南极洲以外的世界各地

生存环境: 主要生活于淡水水体中, 少数生活在海洋中

体长: 0.2~0.7毫米

食物: 原生动物、小型甲壳动物、微型藻类及微生物残骸

　　轮虫是一种多数生活在淡水中的微型动物, 它们中有些种类以过滤水中的微生物为食, 另外一些则会选择主动捕食。轮虫身体的前半部分有两个由纤毛组成的"轮盘", 共同负责把水中的微小食物碎片送到嘴边。同时, 它们也依靠这些纤毛的运动完成在水中的移动。但也有一些种类的轮虫的生活方式与此相反, 它们会借助足上分泌的胶质把自己固定在某种支撑物上。

有关它们的名字, 你还应该知道的······

旋轮虫, 属名*Philodina*, 在希腊语中的意思是"喜欢急速旋转的"。轮虫这个名字, 来源于它们长有两个由纤毛组成的、能转动的"轮盘"。

◀ 与众不同的轮虫

旋轮虫和其他种类的轮虫一样，能够在干旱环境里生存。身体内的水分流失到一定程度后，它们会进入"蛰伏"状态。一旦出现降雨，体内水分得到补充，它们便会重新活跃起来。不过，这个等待的过程可能要持续好几年！辐射能够杀死很多动物，却丝毫奈何不了轮虫。这种能够抵御辐射的物质源自轮虫的脱氧核糖核酸（DNA），正是这些物质构成了它们的基因。轮虫体内拥有特殊的复原系统，能够修复因辐射或干旱而受损的DNA。

轮虫所属的大家庭 ▶

轮虫大家庭中一共有超过2000个成员，个头儿几乎都在0.05到3毫米之间。它们之中的大多数都生活在淡水中，但也有些生活在海洋中、陆地上或者潮湿的苔藓上。有些轮虫寄生在甲壳动物、蠕虫或蛭蝤身上。在淡水浮游生物中，轮虫扮演着举足轻重的角色，它们是很多鱼苗或小型甲壳动物的日常食物。

你知道吗？

清一色的娘子军

所有旋轮虫都是雌性，连一只雄性的都找不到！尽管它们的卵无法受精，但依然能够正常发育。对那些采用有性繁殖的动物来说，随着雄性和雌性的结合，双方的基因互相组合，造就了后代的多样性，这让它们能够更好地适应环境的变化。而轮虫则会从真菌类和细菌类生物中获取基因，从而在没有雄性的情况下也能继续繁衍进化！

一它们没头没尾还没有脚—

腹毛动物

　　腹毛动物的身体表面覆盖着带有棘刺的细小鳞片和纤毛，用来帮助它们推动身体滑行。它们的嘴生长在身体最前端，在身体末端则长有黏附腺，能够让它们黏着在沙砾上。它们以微型藻类和微小的残骸碎片为食。

动物学分类：腹毛动物门

地域分布：全世界

生存环境：海洋或淡水水体，潮湿土壤及沼泽，植物表面

体长：0.05~4毫米

食物：细菌、微型藻类、原生动物

有关它们的名字，你还应该知道的……

鼬虫，属名*Chaetonotus*，在希腊语中是"背部布满刷毛"的意思。而腹毛动物的意思是"腹部长满了毛"的动物。

◀ 与众不同的腹毛动物

很多腹毛动物都是雌雄同体，也就是说，单一个体既是雄性又是雌性。但与蜗牛类动物的同时具备两性特征不同的是，腹毛动物是在不同阶段交替呈现不同性别特征。当处于雄性状态时，它们会生长出一个精囊，然后它们的身体会变成雌性状态，随后完成产卵。腹毛动物在一生之中（一般为3个星期左右！）会完成好几次性别转化。当然，也有一些种类的腹毛动物只有雌性，它们会像轮虫一样，进行孤雌生殖。

腹毛动物所属的大家庭 ▶

由于腹毛动物与其他动物都没有什么共同点，所以很难对它们进行定义和分类，也很难找到与它们有亲缘关系的动物类别。所以它们单独构成了一个动物门类！已知的腹毛动物大约有400种，生活在海洋里、淡水中、沙层和泥沙下或是植物的表面。所有种类的腹毛动物都极小。有些种类还拥有一个感光器官，即一种结构极简单的红色"眼睛"。

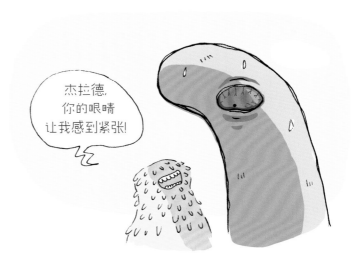

你知道吗？

小型动物群落

有很多小动物和腹毛动物一起生活在海滩上潮湿的沙粒间，比如缓步动物、桡足动物或一些小蠕虫。在1平方米的面积上，可以发现超过100万只动物个体！它们的大小都在0.05到2毫米之间，因此被统称为小型动物群落，意思就是"由体形很小的动物组成的群落"。而由比它们还小的动物和各种细菌组成的群落叫作显微物群落。宏观（大型）动物群落则是由那些大小超过2毫米的"大型"动物们组成的！

15

一它们没头没尾还没有脚一

铠甲动物

动物学分类: 铠甲动物门
地域分布: 全球海域
生存环境: 海底沙层
体长: 0.1~0.5毫米
食物: 微生物

它们球形的身体被多块板状兜甲紧紧包裹住，口部周围长有9列棘刺和很多触须。而且这些小动物也拥有消化管和神经节。

有关它们的名字，你还应该知道的……

铠甲虫，学名*Pliciloricus shukeri*，在拉丁语中是"甲壳上带有褶皱"的意思。铠甲动物门是指"有甲壳护身"的一类动物。

◀ 与众不同的铠甲动物

在深度超过3000米的地中海深处，有些地方几乎没有氧气，海水中含盐量极高，并含有大量硫化氢。可以说，没有什么动物能够在这样恶劣的条件下生存！然而，生物学家们发现在海底沉积物下面生活着一些铠甲动物。它们并不呼吸，但拥有其他产生能量的方式。铠甲动物是人类发现的第一种能在无氧条件下生存的动物。

铠甲动物所属的大家庭 ▶

由于它们极小的身材和特殊的生活方式，这些动物直到1983年才被发现。它们生活在海底沉积物下面，总是附着在沙粒上，所以很难被觉察。它们与其他动物门类都如此不同，以至于人们为它们单独建立了一个全新的动物门类。在这个门类中，目前已发现有100种左右的不同动物，绝大多数都不为人们所熟知。

你知道吗？

外星来客？

长久以来，人们就知道有些极端菌类能够在高压、高温或无氧的条件下生存。而铠甲虫、恶魔蠕虫或巨型管蠕虫则向我们证明，有些动物可以在曾经被我们认为生命无法存活的环境中继续生存下去。因此，我们完全可以想象，在宇宙中的其他星球上，也许也隐藏着一些动物，只不过与我们所熟悉的那些动物完全不同罢了。

它们没头没尾但有脚

它们的头部和身体结合在一起，尾巴也不过是一个不太明显的尖儿而已，但这些小动物有脚，它们用脚爬行。当然，它们的脚并不一样，有些是真正的足，有些是有关节的带刺附器，有些是爪，有些是伪足——就是一种尖利的假脚！

吭哧吭哧

海蜘蛛

　　海蜘蛛从远处看去很像蜘蛛，但近距离观察，它们好像就只剩下了8条腿！因为，跟那8条细长的腿比起来，它们的躯干太小了。它们背部的眼突上有4只单眼，身体前端长有坚硬的口器，两侧长有一对钩状螯肢。它们的食物主要是像海葵和海绵这样附着在岩石上的小动物。在进食时，它们会用口器刺穿猎物的身体，将里面吸食一空。

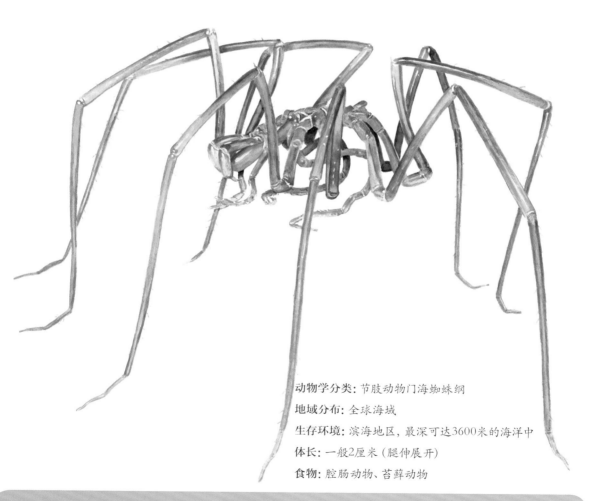

动物学分类：节肢动物门海蜘蛛纲

地域分布：全球海域

生存环境：滨海地区，最深可达3600米的海洋中

体长：一般2厘米（腿伸展开）

食物：腔肠动物、苔藓动物

有关它们的名字，你还应该知道的……

短吻海蜘蛛，学名*Nymphon brevirostre*，在希腊语中的意思是"嘴很短的"。

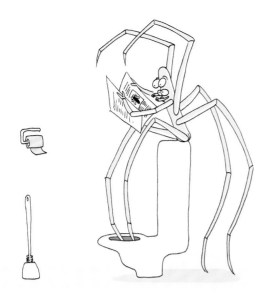

◀ **与众不同的海蜘蛛**

海蜘蛛的腹部太小，没办法容纳所有的内脏器官，所以它们的肠道和生殖器官都变成分叉状，延伸到各条足中，直至足尖处。雌性海蜘蛛会通过足端的开口产卵。雄蛛会用同样的方式排出精子，完成授精过程。之后，它们会把受精卵聚集在一起，用一对叫作负卵足的特殊足妥善保管，直到幼蛛孵化出来。

海蜘蛛所属的大家庭 ▶

目前已知的海蜘蛛超过1300种，全都生活在海洋中，它们中的大多数都不足1厘米大，但在7000米下的深海中，生活着一些巨型海蜘蛛，如果将它们的足完全伸展开，可以达到70厘米。海蜘蛛生性谨慎，总是把自己隐藏起来，不过也有一些种类很招摇，身体呈火红色。小型海蜘蛛的颜色往往取决于它们的食物，因为它们的足的表皮很薄，透过表皮完全能够看到延伸其中的肠道的颜色。

你知道吗？

来自侏罗纪的海蜘蛛

2007年，古生物学家在罗讷河畔拉武尔特地区发现了海蜘蛛的化石。化石所处的岩层可以追溯到大约1.65亿年前的侏罗纪时期。这些化石保存得非常完好，而且外形与现存品种极其相似。目前所发现的最古老的海蜘蛛化石距今已有5亿年，但它不是成年海蜘蛛，而是0.5毫米大小的幼蛛，看上去与现存的海蜘蛛更像。

鲎

鲎的头部和胸部结合在一起，形成了头胸部，被圆形的甲壳保护着。它们拥有6对附肢，每只附肢的前面都呈钳状。它们的嘴位于头胸部之下，也就是附肢的中间部位。嘴前两侧各有一只螯肢，用来抓紧食物送到嘴边。它们没有下颚，所以会利用附肢上的"钳子"把食物撕碎。身体的末端有一根长而尖的利刺，这是它们的尾剑。

动物学分类: 节肢动物门肢口纲
地域分布: 东南亚及北大西洋沿岸
生存环境: 滨海地区，浅海海底沙层
体长: 最大可达60厘米（雌性）
食物: 蠕虫和贝类

有关它们的名字，你还应该知道的……

美洲鲎，学名*Limulus polyphemus*，*limulus*在拉丁语中是"眼睛不对称"的意思，而*Polyphemus*是古代神话中独眼巨人波吕斐摩斯的名字，因为人们过去一直认为这种动物只有一只眼睛。

你好, 姑娘!

◄ 与众不同的鲎

鲎拥有两只复眼, 看上去和昆虫的复眼很相像。这两只复眼虽然很大, 但只对绿色的光线敏感。此外, 它们还拥有2只看上去更小一些的单眼, 能够感受紫外线 (紫外线是一种我们人类完全辨认不出的光线)。尽管如此, 它们的视力仍然不怎么好, 不过雄性鲎还是能够认出雌性鲎的身形, 这对它们的繁衍非常重要!

鲎所属的大家庭 ►

鲎与蝎子和蜘蛛一样, 都拥有螯肢。所以在动物学家看来, 这三类动物具有亲缘关系。现存4种鲎, 其中一种所产的卵中含有河豚毒素, 毒性超级强。在泰国, 一些喜欢吃海鲜的人也会把鲎当作食物, 但食用时稍有不慎便会中毒! 根据化石显示, 这种动物在5.1亿年前就存在了, 而且在岁月变迁中并没有发生太大变化。

怎么啦?

我只是想借用下防晒霜。

你知道吗?

噗!!!

啊啊啊!

呵呵!

蓝血

鲎的血液中不含有血红蛋白 (血色素), 而是含有血清蛋白, 这使得它们的血液呈现出美丽的淡蓝色。人们还在其中发现了一种在细菌毒素测定中经常使用的物质, 这种物质经常被用来检测疫苗或注射药物的质量。由于鲎很难人工养殖, 所以人们总是会捕捉野生的鲎, 然后抽取它们体内三分之一的血量。不过不用担心, 它们被放生后, 血液很快便会再生。

蟹蛛

像其他蜘蛛一样，蟹蛛也没有单独的头部。它们的身体前半部分叫作头胸部，上面长有8只眼睛、2只有毒的钩爪和4对步足。后半部分则是圆滚滚的略呈三角形的巨大腹部。蟹蛛并不结网，它们生成蛛丝只是为了保护卵。

动物学分类: 节肢动物门蛛形纲

地域分布: 欧洲、北美

生存环境: 鲜花和灌木上

体长: 最大可达10厘米 (雌蛛)

食物: 昆虫

有关它们的名字，你还应该知道的……

弓足梢蛛，又名姬花蛛、柠檬蛛、变色蛛，学名*Misumena vatia*，前一个词在希腊语中的意思是"令人厌恶的"，后一个词在拉丁语中的意思是"腿呈弓形的"。

◀ 与众不同的蟹蛛

它们之所以被叫作蟹蛛，是因为它们最前边的两对步足明显更强壮，也长于后两对步足，又位于身体前段的两侧，相距很远，看起来就像螃蟹的螯肢一样。而且它们是横着爬行的，这也和螃蟹一模一样！蟹蛛往往采用守株待兔式的捕猎方式：它们一动不动地静伏于花间，一旦猎物（比如一只蜜蜂）靠近，它们便会将步足合拢，并向猎物注射毒液使它们麻痹。雄性蟹蛛的个头儿比雌蛛小，步足却显得更长。

蟹蛛所属的大家庭 ▶

千万不要把蟹蛛和蜘蛛蟹搞混了，后者实际上是一种与螃蟹有亲缘关系的甲壳动物，而前者……是一种蜘蛛！人们在全世界范围内已发现超过2000种蟹蛛，它们在生态系统中扮演着非常重要的角色，比如，它们会捕食其他昆虫。所有蟹蛛的捕食方式几乎都如出一辙。不过，有些种类的蟹蛛最前边那对步足有身体的三倍长，看上去好像就剩下脚了！

你知道吗？

千变万化的伪装

雌性蟹蛛的颜色往往是白色或亮黄色，而且它们会根据狩猎时所选的花朵来改变自己的颜色。这种技能对它们来说具有双重意义：一方面能够神不知鬼不觉地捕食昆虫，另一方面也让捕食的鸟类发现不了它们的身影。蟹蛛的颜色变化主要依靠它们所分泌的一种色素，当色素被保存在深层，它们便会呈现白色。当它们改变停驻的花朵时，身体的颜色可以在几天内由黄色变成白色，但要想从白色变成黄色则需要三周时间。

桡足动物

桡足动物身体的前端被坚硬的甲壳保护着，后半段则像虾一样，由多个体节组成。每个体节上长有一对附肢，这种发生了变化的足，让它们能够感受振动和气味、过滤食物和在水中移动。移动时，它们头上两根长长的触角猛然向后甩动，从而使身体向前弹射出去。桡足动物只拥有一只单眼或一对晶体。

动物学分类: 节肢动物门甲壳亚门桡足亚纲

地域分布: 全球

生存环境: 海洋及淡水水域, 苔藓植物丛或潮湿的树皮上

体长: 1~4毫米

食物: 微型藻类及浮游动物

有关它们的名字, 你还应该知道的……

飞马哲水蚤, 学名*Calanus finmarchicus*。

◀ 与众不同的桡足动物

如果在游泳时不小心呛水，我们很可能会一下子吞下去好几百只桡足动物！如果将所有种类混在一起，它们应该是世界上数量最多的动物，比蚂蚁和蠕虫还要多得多！桡足动物的食物包括生长在海面上的微型藻类和比它们个头儿还小的浮游动物。可以说，浮游动物中超过四分之三都是桡足动物，它们为很多鱼、海鸟和鲸鱼提供了食物。

桡足动物所属的大家庭 ▶

桡足动物是与虾和螃蟹有亲缘关系的甲壳动物。现存的桡足动物共有约8400种，有的生活在海洋中，有的生活在淡水中，甚至是地下水道中。最小的桡足动物大概只有零点零几毫米大小。很多桡足动物都寄生在鱼或鲸的身上。普遍来说，它们的身体构造彻底发生了改变，不再会游泳了。

你知道吗？

寄生在鲸鱼身上！

羽肢鱼虱是一种寄生在鲸鱼、海象和海豚身上的桡足动物。它们的上颚上有个口管，能够插入宿主动物的肉里。雄性羽肢鱼虱会游泳，能把自己固定在雌鱼虱的尾叉上。交配后，雄鱼虱便会死掉，雌鱼虱却会慢慢长成一个"黑色的长袋子"钩在宿主动物身上。它们可以长到30厘米长，并产下数百颗卵。

哟嗬!

嘻嘻嘻

——它们没头没尾但有脚——

鹅颈藤壶

鹅颈藤壶看上去很像是一条虫子的尾部长了个贝壳,不过它们既不是虫子,也不是贝壳!这是一种甲壳动物,从卵中孵化出来后就会游泳,而且能够像浮游动物一样生活。几天后,它们会把自己附着一个支撑物上,然后开始发生变化:一部分身体变成了角质的肉柄,看起来就像一段管子;另一部分身体则被钙质板形成的"盔甲"保护着。

动物学分类:节肢动物门甲壳亚门
地域分布:温带和热带海洋中
生存环境:漂浮的木头或船只上
体长:10~90厘米
食物:浮游生物

有关它们的名字,你还应该知道的……

鹅颈藤壶,在法国布列塔尼地区被称为garilienn,学名 *Lepas anatifera*。

◀ 与众不同的鹅颈藤壶

鹅颈藤壶的"头盔"由5块甲片组成，这些甲片能够相互分开，并且从中长出24条蔓足，用来捕捉水中的微型动物或一切能食用的残骸碎片。这些蔓足是由甲壳动物的附肢演化而成。成年后，它们就没有办法再自行移动了，不过如果附着在树干、船体或龟的背甲等物体上，它们仍然能够不断旅行！

鹅颈藤壶所属的大家庭 ▶

鹅颈藤壶与一种叫作藤壶的小动物有亲缘关系，后者常常附着在海边的岩石上。它们都属于蔓足动物家族，这个家族包含了超过1000种不同的动物。鹅颈藤壶附着在船体上会大大减缓船的运行速度，从而造成很大的麻烦。海边岩石上还生活着一种叫作石蜐的类似物种，深受海鲜爱好者的喜爱，以至于有关部门不得不进行限制，每年只在某几个月内能够捕捞石蜐，以确保它们不会灭绝。

你知道吗？

鸭子的幼虫

中世纪时，人们相信鹅颈藤壶会变成鸭子！事实上，当时的人从来没见过生活在北部海边的海番鸭和黑雁产卵，因此更愿意相信鹅颈藤壶就是它们所产的蛋。这个传说之所以广为流传，也许是因为鹅颈藤壶的角质肉柄看上去有点儿像鸭子的脚，而那些蔓足有些像鸭子的羽毛。其实，谁都不知道这个传说从何而来，鹅颈藤壶的学名却由此而生！

哟嗬！

嘻嘻嘻

——它们没头没尾但有脚——

缓步动物

这种小型动物的身上覆盖有多块坚硬的板甲，能起到保护作用。它们有8只脚，每只脚的末端有4个爪。它们没有心脏，也没有呼吸系统，但拥有一个伸缩管形状的嘴和一个胃。缓步动物的口部能够刺穿植物表皮，再慢慢吸食里面的养分。它们经常生活在苔藓上，在一平方米左右的苔藓表面，最多能找到40万只缓步动物。

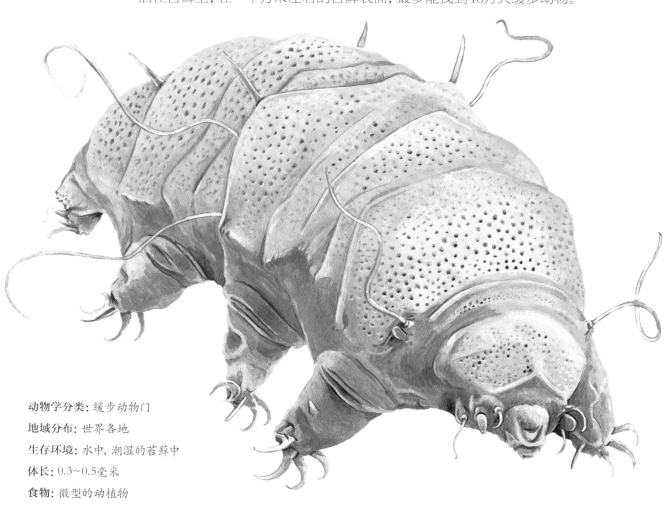

动物学分类：缓步动物门

地域分布：世界各地

生存环境：水中，潮湿的苔藓中

体长：0.3~0.5毫米

食物：微型的动植物

有关它们的名字，你还应该知道的……

水熊，这个名字源自它们的身体形状和爪子，属名 *Echiniscus*，在拉丁语中是"小刺猬"的意思。缓步动物，意思是"走得很慢"的一类动物。

◀ 与众不同的缓步动物

缓步动物在身体水分流失掉99%之后仍然可以生存！失去水分后，它们便进入"蛰伏"状态，这个状态能保持好几年。只要获得一点点水，它们的身体重新获得滋润，便能再次"活"过来。它们还能忍受最高150℃的极度高温以及强烈的紫外线或X射线照射。拥有了这样的本事，缓步动物"占领"整个地球就没什么好奇怪的了：从高山顶峰到海洋深处都能看到它们的身影。

缓步动物所属的大家庭 ▶

人们已知的缓步动物超过1300种，但它们的实际种类可能要比这多10倍。它们的身材太小了，所以很难准确观察到。最小的缓步动物只有0.05毫米长，也就是差不多一个细胞那么大。而最大的也不过才1.2毫米长。它们主要生活在海水或淡水中。在陆地上，薄薄一层水就够它们维持生活了。有些缓步动物是肉食性的，它们会捕食像变形虫这样个头儿更微小的猎物。

你知道吗？

缓步动物的星际之旅

2007年，欧洲航天局利用索尤兹火箭(Soyouz)将一些缓步动物送上了太空。确切地说，这些动物并没有放置在火箭舱内，而是被挂在了火箭外部。在10天的时间里，它们经历了太空真空和宇宙射线的双重严酷考验，这对大多数生命来说都极度危险。然而，它们中的一些个体竟然在这次恐怖之旅中存活了下来，而且它们产的卵也还能正常孵化！

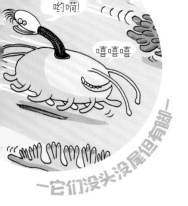

栉蚕

动物学分类: 有爪动物门
地域分布: 非洲中部、马来半岛、
澳大利亚及美洲中部
生存环境: 潮湿的森林
体长: 10~15厘米
食物: 昆虫

跟毛毛虫相比, 栉蚕长了太多只脚; 而和千足虫不同的是, 它们又没有体节。所以不管看起来有多像, 栉蚕既不是毛毛虫也不是千足虫! 它们身上也有很多"环节", 这与蚯蚓很接近, 但区别在于那些末端有爪的脚, 这些脚被称为疣足。它们身体外部覆盖着一层如天鹅绒般的表皮, 头部长着一对触角和一双眼睛。

有关它们的名字, 你还应该知道的……
大栉蚕, 属名*Macroperipatus*, 在希腊语中是 "个头很大的漫步者" 的意思。

哈哈哈哈

栉蚕总会在地面上的枯叶堆中爬行，行动却很迟缓。它们头部两侧长有两根触角，能喷射出白色的黏液。当发现昆虫时，栉蚕会不断向猎物喷射黏液，很快便将其包裹住。在咬住猎物的同时，栉蚕会向其体内注入有毒的唾液，以消化分解其肌肉组织。几个小时后，它们便能够吸食那些肌肉溶解而成的汁液了。栉蚕体内的黏液占体重的10%左右，它们在捕猎时会把这些黏液都消耗掉，但每次吞食猎物时又能补充回来一部分。

栉蚕所属的大家庭 ▶

栉蚕与节肢动物和缓步动物都是远亲。目前已知的同类动物大约有110种，大小都在1~30厘米。在世界很多地方都能发现它们的身影，通常都在潮湿炎热的森林中。奇怪的是，生活在中美洲的栉蚕与生活在西非地区的栉蚕有亲缘关系，而生活在智利的栉蚕却与生活在南非和澳大利亚的栉蚕更接近。有关这类动物最原始的化石可以追溯到5.2亿年前。

太奇妙了！你和约翰尼长得真像！

那可是澳大利亚的著名歌手。

你知道吗？

妈妈！

快点儿，孩子！用你的唾液！！！

它们见证了地球的历史

现存栉蚕的种类分布有些奇怪：由于它们没有能力穿过大洋，所以人们认为生活在同一块大陆上的栉蚕种类更为接近。事实上，不同种类栉蚕之间的亲缘关系与现在的大陆板块位置无关，而是由两亿年前的大陆板块所决定的！在古生代，所有大洲都还没有分离，它们共同属于一块超级大陆——盘古大陆。后来，盘古大陆分裂成了几块，而各大洲也渐渐分离远去。这些栉蚕的祖先恰好见证了这段历史！

海猪

动物学分类: 棘皮动物门海参纲

地域分布: 全球海域

生存环境: 最深可达海下10000米的深海海底

体长: 20厘米

食物: 有机物残骸

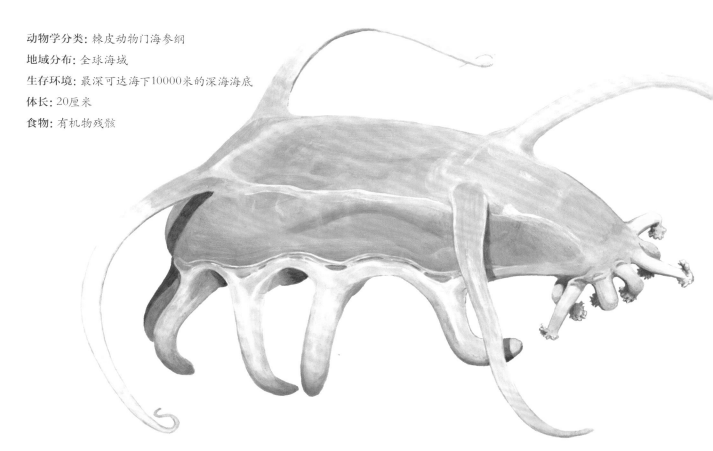

　　海猪（也叫作大洋猪）的身体看上去像一截暗粉色的大香肠。它们的口部周围长有10来条触须，这才让我们能清楚地辨认出这种动物的前后。每条触须末端都长有好多突起，可以帮它们把海底的食物碎片捞起来。它们背部有四条长触须，能够通过味道辨认出刚从海面沉下来的新鲜食物碎片的位置。海猪没有眼睛，但这并没有多大影响，因为它们原本就生活在完全黑暗的环境中。

有关它们的名字，你还应该知道的……
海猪，也译为大洋猪，学名*Scotoplanes globosa*，在希腊语中是"漂浮在黑暗海底中的球"的意思。因为拥有暗粉色的表皮和圆滚滚的外形，所以被称为"海猪"。

◄ 与众不同的海猪

　　海猪长有12只"脚"，能够让它们的身体脱离地面，帮助它们在海底行走。它们的行进方式不是爬行，而是真正在行走。这在所有海洋动物中是独一无二的！在一些深海地区，它们是当地动物群落的主要组成部分。海猪在海洋中扮演的角色十分重要，它们在行走时会翻动海底的泥沙，所以它们身后总会跟着很多其他动物伺机觅食，其中就包括蠕虫和虾。

海猪所属的大家庭 ►

　　海猪在动物学分类中属于海参家族，这个大家庭目前共有1500个已知成员，大多数都依靠身体下面的小触须在海底爬行，但也有一些种类能够游泳。它们的食物主要是沉在海底的动物残骸及排泄物：死掉的浮游生物、海洋动物的粪便以及死去的鱼的尸体等。在太平洋，有很多品种的海参是人工养殖的，同时，它们也是人类的美食。

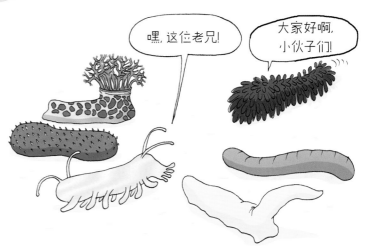

你知道吗？

大餐

　　当一头鲸死去并沉入海底，方圆数千米内有成千上万的动物会被它那巨大的尸骸吸引。通常来说，深度超过1000米的深海海底非常贫瘠，而鲸的尸骸就如同一个食物丰富的避风港，足够生活在这里的海猪、海蟹、蠕虫和深海鱼享用好几年。

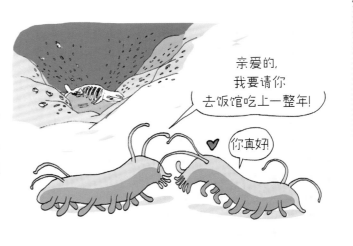

它们长得像条虫子

它们只有一个共同点: 身体又细又长, 看起来像一条虫子。就拿蚯蚓来说, 我们往往会认为它们浑身黏糊糊的, 但实际上它们的身体干燥而富有弹性。平日里, 我们很难看到这些蚯蚓的身影, 但它们可能是这个世界上最重要的动物了!

蚯蚓

动物学分类: 环节动物门

地域分布: 除沙漠外的所有陆地

生存环境: 地下, 最深可达2.5米

体长: 25厘米

食物: 腐败的有机物

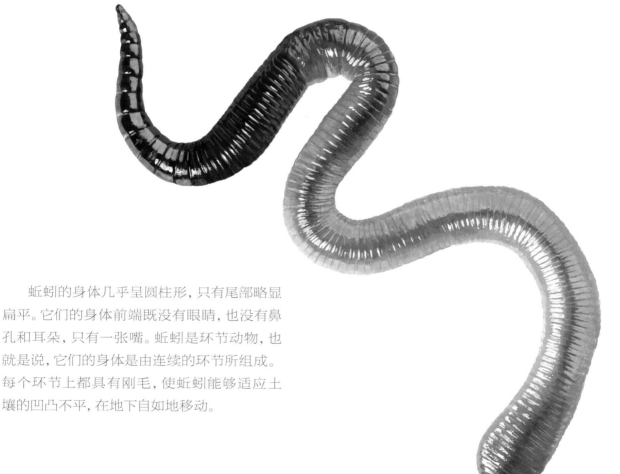

蚯蚓的身体几乎呈圆柱形, 只有尾部略显扁平。它们的身体前端既没有眼睛, 也没有鼻孔和耳朵, 只有一张嘴。蚯蚓是环节动物, 也就是说, 它们的身体是由连续的环节所组成。每个环节上都具有刚毛, 使蚯蚓能够适应土壤的凹凸不平, 在地下自如地移动。

有关它们的名字, 你还应该知道的……

陆正蚓, 学名*Lumbricus terrestris*, 在拉丁语中的意思是"生活在地下的虫子"。

与众不同的蚯蚓 ◀

蚯蚓依靠吞食土壤的方式在地下行进。被吃进去的土壤经过它们的肠道，由身体另一端排出体外。在此过程中，蚯蚓可以消化土壤中的有机物，比如植物的残骸或线虫和缓步动物等小动物。一条蚯蚓每天吞食的土壤重量可达到自身体重的1.5倍。只要耕地里有蚯蚓，那么所有土壤最终都会被它们翻上一遍！

蚯蚓所属的大家庭 ▶

有些蚯蚓的长度不超过几毫米，但有一种名为吉普斯兰大蚯蚓的澳大利亚巨型蚯蚓，体长可达到3米，体重也能达到1千克。在最富饶的土地上，每平方米土壤中最多可能会有1000条环节动物。在草原上，每公顷土地中所包含的蚯蚓可以达到4吨，远比这片草场能放牧的奶牛要多！蚯蚓在掘地前行时，能让土壤中的空气和水的流通变得更为便利。而它们的排泄物会让土壤更加肥沃，更有利于植物生长。

你知道吗？

再生

很多环节动物都具备再生能力，能够在被掠食者吃掉部分身体后，让整个身体慢慢地重建复原。它们中的有些品种甚至能够凭借单一环节完成对整个身体的修复重生！生物学家一直对蚯蚓神经系统的再生能力很感兴趣。即使这种再生能力非常初级，依然可以为那些脊髓受损的人的康复提供参考。

毛颚动物

动物学分类: 毛颚动物门
地域分布: 全球海域
生存环境: 海水中, 有时候在海底
体长: 一般1~3厘米
食物: 桡足类动物、小型甲壳动物

　　毛颚动物细长的身体看起来不算太灵活, 但它们仍能通过身体的收缩拉伸动作完成在水中的推进。它们依靠鳍来保持平衡和控制方向。在身体前端的口部周围长有两束硬几丁质的钩齿, 几丁质也是构成昆虫外壳的角质物。毛颚动物在游泳时, 头后的体壁会产生一个皱褶, 像"帽子"一样将这些钩齿包裹住, 以减少阻力。它们拥有两只复眼和简单的神经系统。

有关它们的名字, 你还应该知道的……

箭虫, 学名*Sagitta elegans*, 在拉丁语中的意思是"精致的箭"。而毛颚动物则意味着这类动物"在口部周围长有刚毛"。

哎哟,这脑袋长得真难看!

这不是一支箭吧!

怎么着吧!

我可有世界上最毒的毒液!

◀ 与众不同的毛颚动物

箭虫是一种动作相当迅速而灵活的掠食者,以海洋中的浮游动物为食。它们身上分布有触觉感受器,能够探测出桡足动物或小型甲壳动物在水中游动时发出的震动。它们会通过身体的突然收缩和拉伸,把自己朝猎物弹射过去,用坚硬的钩齿刺穿对方的身体,并注入毒液。它们的毒液中含有河豚毒素,这是世界上最毒的毒药之一。然后它们便可以用几丁质的牙齿咬住猎物,将其整个吞下去。

毛颚动物所属的大家庭 ▶

目前已知的毛颚动物有大约70~80种,体长一般在1~3厘米,几乎全部都是生活在水中的浮游动物。它们虽然有鳍,但和鱼并没有亲缘关系。毛颚动物既没有脊椎也没有心脏。事实上,我们并不知道它们究竟和哪些动物有亲缘关系。这个神秘的动物门类已经存在了超过5.3亿年,但外形并没有发生太大变化。不过有一点可以肯定:它们属于掠食动物阵营!

啊哈哈哈!!!

啊啊啊啊啊!

你知道吗?

浮游动物

毛颚动物是海洋浮游生物的重要组成部分,其重要性仅仅排在它们最喜欢的猎物——桡足动物之后。浮游动物是指主要依靠水流的力量来实现移动的一类动物的总称。这类动物中的大部分都不足1毫米长,不过大型水母也属于这一类别。在海洋中,无论从数量上还是种群上,占据主导地位的动物既不是鱼类也不是鲸类,而是浮游动物!

我们虽然个头儿小,但我们人多!!!

怎么样?!

劝你们趁早消失!

一它们长得像条虫子一

地下线虫

　　地下线虫细长的身体几乎呈圆柱形，只有首尾两端比较尖。它们的体表包裹有一层厚厚的角质层，这让它们的身体充满了弹性。它们生活在地下岩缝里流淌的水中，依靠身体的伸缩完成移动。它们的口部位于身体前端，但没有牙齿，不过由于它们以细菌为食，所以也用不着咀嚼！

动物学分类：线虫动物门

地域分布：南非

生存环境：很深的地下

体长：0.5毫米

食物：细菌

有关它们的名字，你还应该知道的……

魔鬼蠕虫，学名*Halicephalobus mephisto*，在希腊语中的意思是"袖珍脑袋的墨菲斯托"。墨菲斯托本是魔鬼的名字，这种线虫之所以以此命名，也是因为它生活在地下深处！

◀ 与众不同的地下线虫

2011年，人们在3500米深的金矿中发现了这种"魔鬼蠕虫"。此前，人们只知道有细菌存活在地下岩石间。他们相信，在如此极端的生存条件下——高温、高压，空气中几乎没有氧气——只有细菌能够存活。不过，人们本该意识到，只要有细菌存在，就应该有以细菌为食的物种存在！而就目前所知，魔鬼蠕虫是唯一能在地下这么深的地方生活的动物。

地下线虫所属的大家庭 ▶

线虫，也称为圆虫，跟蚯蚓类的环节动物有很大不同。人们已知的线虫有大概28000种，但实际上，它们的种类可能远高于此，也许会在100万种之多！线虫中有一半种类是寄生的，比如蛔虫，它们生活在人体的肠道中，最长可以达到35厘米！其他种类的线虫通常生活在土壤中以及淡水或海水中。在土壤中，线虫在动物群落中占据主导地位。很多线虫都属于"极端微生物"，能够在极度高温或高压下存活。

你知道吗？

实验室中的明星

在动物学实验室中，有一种线虫非常有名：秀丽隐杆线虫。它们的成虫大约只有1毫米长，但它们体内的959个细胞核以及2万个基因人们都认识。虽然这些线虫长得和我们一点儿都不像，但它们有三分之一的基因和人类相同。这些小虫子为我们研究人类衰老问题提供了重要模型！

绦虫

动物学分类: 扁形动物门绦虫纲

地域分布: 全世界

生存环境: 包括人在内的脊椎动物体内（成虫）

体长: 1毫米~12米

食物: 宿主肠道中半消化的糊状食物

绦虫是一种寄生虫，成虫主要生活
在包括人类在内的脊椎动物的肠道中。
线虫的身体一般由500~2000个节片组
成。身体前端的头节直径约为2毫米，上面
长有小钩，用来把自己固定在肠壁上。绦虫
没有嘴和消化道，依靠皮肤吸收肠道里半消
化的糊状食物。它们会引起宿主的消化功能紊
乱，使宿主出现全身消瘦等症状。

有关它们的名字，你还应该知道的……

猪带绦虫，学名*Taenia solium*，在希腊语中的意思是"单独的带状动物"。

◀ 与众不同的绦虫

猪带绦虫的幼虫叫作囊尾蚴，生活在猪的肌肉组织中。如果人食用了没煮熟的病猪肉，它们便会侵入人体。它们能在人体的任何地方存活，从而引发宿主的很多不适。猪带绦虫的成虫会寄生在人类的肠道中，它们为雌雄同体，所以能够独立完成繁殖。它们会生出很多含有胚胎的孕节，这些孕节会被宿主随粪便一起排出体外。

绦虫所属的大家庭 ▶

目前已知的扁形动物（就是"扁形的虫子"）有大约3万种，其中有3400种绦虫，它们都属于寄生虫。每种绦虫都可以在多个宿主体内形成自己的生活圈。牛带绦虫的终末宿主也是人，但它们的长度能达到10米！裂头绦虫则生活在淡水中，它们的中间宿主一般是桡足类小甲壳动物。而如果它们被水中的鱼吞食，最终也可能出现在我们的餐盘中。

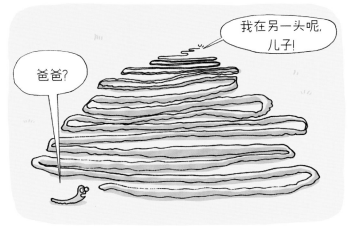

你知道吗？

寄生虫病

世界上有四分之一的人都感染有肠道寄生虫，包括绦虫、血吸虫或蛔虫等。这些疾病曾经在欧洲非常普遍。不过随着自来水的普及和现代耕种技术的推广，发病率已经下降了很多。而在一些贫困国家，仍然有上亿人感染了严重的寄生虫病，其中的数万人会因为没有得到妥善的照顾或治疗而丧命。

①这句话源于墨西哥当地的一个风俗：墨西哥人会把龙舌兰蠕虫放入酒瓶里来证明酒是正宗的。——译者注

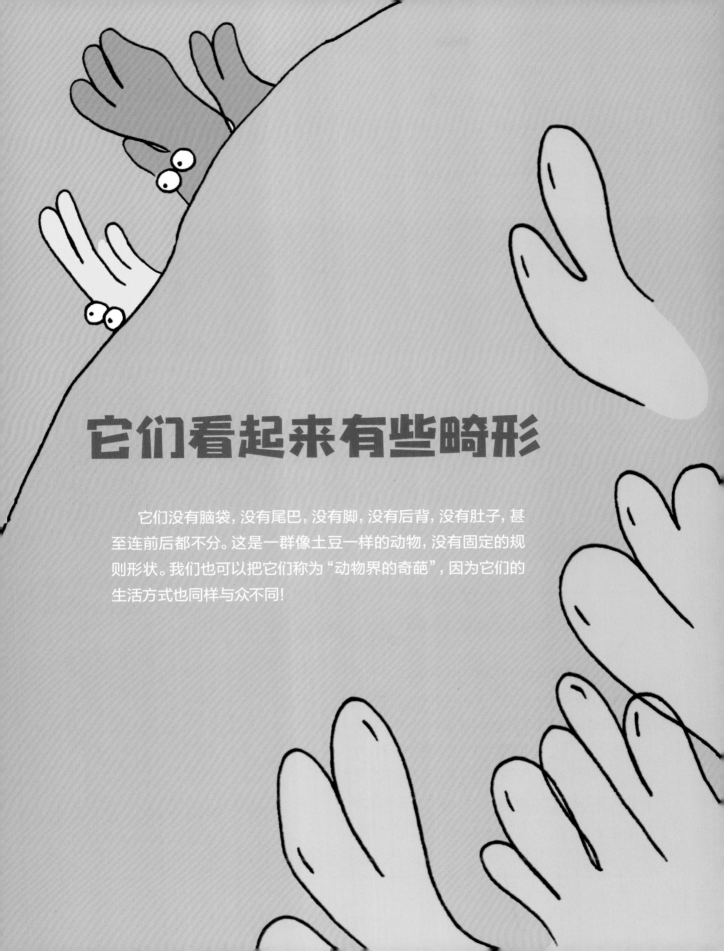

它们看起来有些畸形

它们没有脑袋，没有尾巴，没有脚，没有后背，没有肚子，甚至连前后都不分。这是一群像土豆一样的动物，没有固定的规则形状。我们也可以把它们称为"动物界的奇葩"，因为它们的生活方式也同样与众不同！

什么，
我的脑袋?!
我的脑袋怎么啦?

—它们看起来有些畸形—

皮海绵

动物学分类: 海绵动物门寻常海绵纲
地域分布: 地中海
生存环境: 滨海地区
直径: 最大可达20厘米
食物: 浮游生物

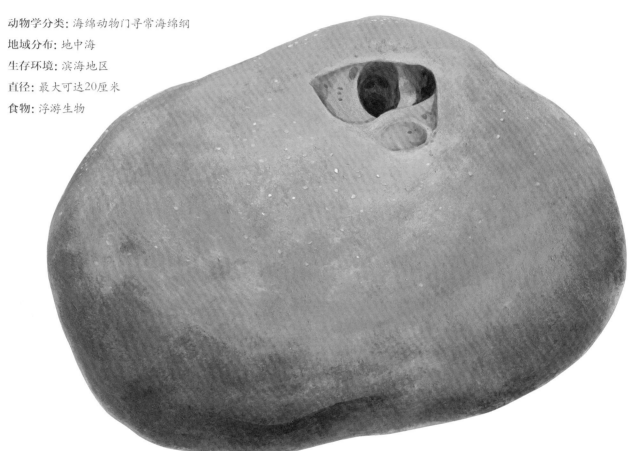

　　和其他海绵一样，皮海绵也是通过水流在体内的循环来实现呼吸和进食的。它们身体上有很多孔洞，能够完成水流循环: 这些水流从较小的入水口进入，从更大一些的出水孔排出体外。在此过程中，一些漂浮在水中的微型藻类和小动物以及一些食物碎屑就被留在了海绵的体内。

有关它们的名字，你还应该知道的……
寄居蟹皮海绵，学名*Suberites domuncula*，在拉丁语中是"用软木塞做成的小房子"的意思。

◀ 与众不同的皮海绵

　　这种海绵没有固定的形状，它们有时候会把自己固定在海底的岩石上，但有时也会选择依附在大型甲壳动物的贝甲或软体动物的贝壳上。它们经常覆盖在被寄居蟹占据的贝壳外部，有时甚至会使贝壳溶解，然后令自己成为这些寄居蟹的新居所。作为回报，在寄居蟹进食时，这些海绵也能一同享用漂浮在周围的食物残渣。

皮海绵所属的大家庭 ▶

　　皮海绵是一种隶属于寻常海绵纲的动物，它们具有硅质骨针。目前人们已经知道这个大家庭中有大约6000种不同的种类，都生活在海水或淡水中。这些海绵可能与6亿多年前最早出现在海洋中的那些动物很相像，因此生物学家对它们的基因以及所产生的物质都非常感兴趣，尤其是皮海绵。

你知道吗？

细菌的双重作用

　　海绵依靠过滤海水中的浮游生物为食，因此它们也会吸收生活在水里的各种细菌、真菌和病毒。海绵自身会产生毒性来保护自己不受这些微生物的侵害，同时也能让自己免受那些想栖息在它们周围，甚至是想在它们身上安家的动物的干扰。而另外一些细菌具有不同的用途：它们能产生一种叫作冈田酸的物质。海绵会在体内储存这些物质，以避免海底蠕虫在它们的身体上挖掘廊道定居！

什么，
我的脑袋?!
我的脑袋怎么啦?

—它们看起来有些畸形—

紫纹海鞘

紫纹海鞘的身体外边包裹着一件又厚又皮实的"外套"，它们的名字来自它们身上进出水的两条管孔上的紫色条纹。海鞘依靠这两条进出水管实现水流在体内的循环：水流从较粗较长的进水口流入体内，通过鳃裂将可食用的物质过滤留在体内，剩余的水再从出水口流出。紫纹海鞘没有脑袋，也没有四肢，但它们拥有心脏、肠道和神经节。

动物学分类: 脊索动物门尾索动物亚门
地域分布: 地中海
生存环境: 200米深的海下岩石区
体长: 最长可达25厘米
食物: 浮游生物

有关它们的名字，你还应该知道的……
紫纹海鞘这种生活在地中海地区的海鞘，也被称为海无花果、海番薯、食用海鞘等，学名*Microcosmus sabatieri*，前一个词在希腊语中是"小世界、小宇宙"的意思，后一个词来自19世纪动物学家萨巴蒂埃的名字。

◀ 与众不同的海鞘

海鞘之所以被称为"小世界"，是因为它们身上可能会附着数百种其他生物，看起来就像是一个独立存在的小世界：藻类、海绵、藤壶、蠕虫以及其他被囊类动物。紫纹海鞘就像一位"生态工程师"，它们改变了其他动物的生活环境，为这些动物提供了可以固定的支撑物。而从另一方面来看，这些动物也为紫纹海鞘提供了有效的伪装。这对于它们来说很重要，因为太多掠食者都把它们视为美食，而它们还毫无逃生技能！

海鞘所属的大家庭 ▶

人们已知的海鞘物种已超过2500种，它们都与紫纹海鞘有亲缘关系。这些动物都拥有一件能够保护自己的"外衣"，即一层非常坚韧的角质外套膜。有些海鞘还成群生活在一起，并共用一件"外套"。被囊类动物都没有脑袋和脊椎，但它们的幼体拥有脊索（一条富有弹性的索状物，可以算是脊椎的前身），所以它们也是与脊椎动物最为接近的一类动物，因此被囊类动物和人类都属同一动物门类——脊索动物门！

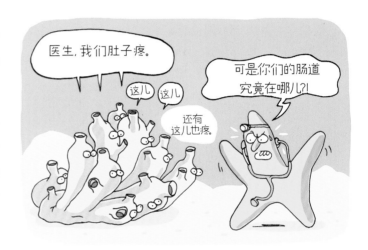

你知道吗？

用于包装的"外套"

海鞘的外套膜由一种类似植物纤维素的物质构成。我们所熟悉的棉纤维，主要成分是植物纤维。而海鞘体壁分泌的这种动物纤维素被称为被囊素，它比植物纤维要结实得多。人们试图从海鞘中提取被囊素来制作细小的纤维棒，并将其加入柔软的材料中，增加其柔韧性。造纸工业和包装工业都对这项技术兴趣浓厚！

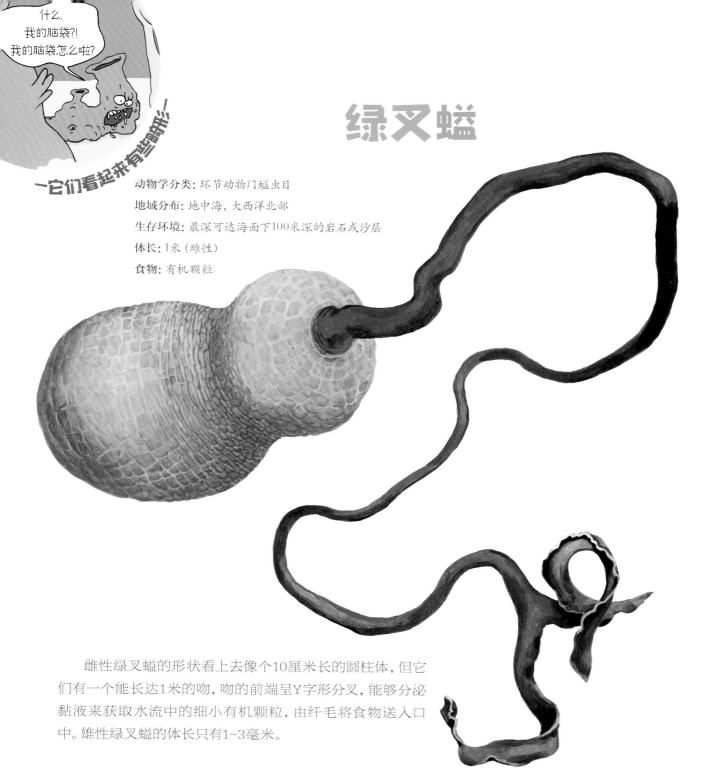

绿叉螠

动物学分类: 环节动物门螠虫目
地域分布: 地中海,大西洋北部
生存环境: 最深可达海面下100米深的岩石或沙层
体长: 1米 (雌性)
食物: 有机颗粒

雌性绿叉螠的形状看上去像个10厘米长的圆柱体,但它们有一个能长达1米的吻,吻的前端呈Y字形分叉,能够分泌黏液来获取水流中的细小有机颗粒,由纤毛将食物送入口中。雄性绿叉螠的体长只有1~3毫米。

有关它们的名字,你还应该知道的……

绿叉螠,学名*Bonellia viridis*,前一个词源于19世纪意大利动物学家博内利(**Bonelli**)的名字,后一个词在拉丁语中是"绿色"的意思。

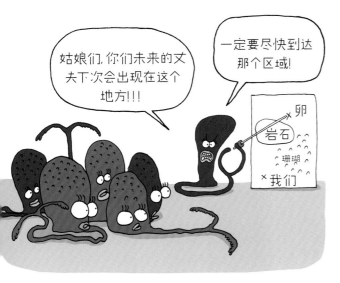

◀ 与众不同的绿叉螠

在繁殖时，雌性绿叉螠完成产卵，这些卵随后便会孵化成幼虫。这些幼虫一开始并没有性别：一切都由它们的生活环境决定！如果初孵幼虫先接触到沙层或岩石，则会发育成雌虫；但如果幼虫先接触到成年雌性的身体或吻部，则会发育成雄虫！雄虫退化到只剩下一个简单的精囊，它们会生活在雌虫体内，并在此过程中完成对卵的授精。根据现有数据，最多发现有85只雄虫生活在同一只雌虫体内。

绿叉螠所属的大家庭 ▶

绿叉螠属于螠虫大家族，目前已知一共有数百个不同种类，均生活在海洋中。尽管它们的身体并不是由连续不断的环节组成，但它们仍然与蚯蚓等环节动物有亲缘关系。事实上，它们的幼虫与环节动物的幼虫很像，只不过成长过程出现了很大差异，因此成虫的特征才会差别巨大。而且，它们的DNA也与其他动物都不相像，只与环节动物最为接近。

你知道吗？

绿色也可能象征死亡

绿叉螠的身体颜色来自一种高毒性绿色素——伯勒啉。这种毒素能够毒死那些试图依附在它们身体上的细菌和其他动物幼体，也足以击退所有掠食者的侵扰。这种毒素在光线下毒性会更强，但绿叉螠本身必须生活在黑暗的环境里，比如岩石的缝隙或沙层下都是很好的藏身之所。这种有毒物质还有一个积极意义——正是它促使幼虫发育成雄性的！

什么,
我的脑袋?!
我的脑袋怎么啦?

—它们看起来有些畸形—

海王星苔藓

海王星苔藓并不是单一的动物个体,而是由一群个体共同构成的具有花边和网孔的石灰质叶片,看起来很像服装上的蕾丝。每只个体都被称为"个员",分别生活在直径小于1毫米的石灰质虫室中。这些"个员"形态各异,也拥有各自不同的作用:有的负责食物给养,有的负责水流循环,有的负责种群清洁,有的负责繁殖后代。

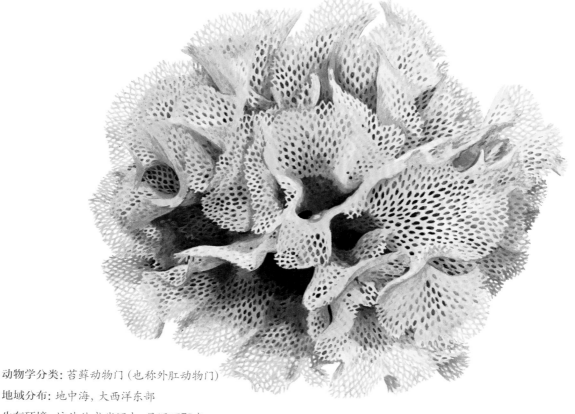

动物学分类: 苔藓动物门 (也称外肛动物门)

地域分布: 地中海, 大西洋东部

生存环境: 坑洼处或岩洞中, 最深可70米

直径: 最大可达20厘米

食物: 浮游生物, 细小的颗粒

有关它们的名字, 你还应该知道的……

网孔苔虫, 属名 *Reteporella*, 在拉丁语中是"带窟窿的小网"的意思。苔藓动物门是由各种"苔藓虫"组成的一类动物。

◀ **与众不同的海王星苔藓**

负责为整个群落提供食物的苔虫个员，被称为"营养个员"。它们的虫室外边会长有一圈触手，用来捕捉微小的猎物。然后，食物会被送入触手中间的嘴里。遇到危险时，这些个员会瞬间躲回虫室中。尽管身材极小，但每个苔虫个员都拥有完整的消化管和神经环，它们也是通过这些器官和群落的其他成员相连接。

苔藓动物所属的大家庭 ▶

目前已知的苔藓动物有大约4000种，几乎都生活在海洋中，而且都属于群居性动物。有些种类的苔藓动物会呈层状生长在藻类或岩石的表面，另外一些种类则会形成花朵或灌木的形状。同一群落的所有个员都拥有相同的基因，因为它们通过出芽繁殖，新的个体从原有个体的边缘突起膨大而成。有人曾见过生长超过10年的苔藓动物群落，直径超过50厘米，所包含的个员超过200万个！

你知道吗？

过敏

渔民在徒手清理渔网时，有时候会感染一种叫湿疹的皮肤病。这种病是由被渔网从海底打捞出来的另一种藻苔虫引起的。这种藻苔虫会产生一种叫作苔藓抑素的物质，对动物来说，这种物质是很好的抗菌剂，却会引发人类的过敏。人们试图用它们来研制新的抗生素，只是目前还未成功。

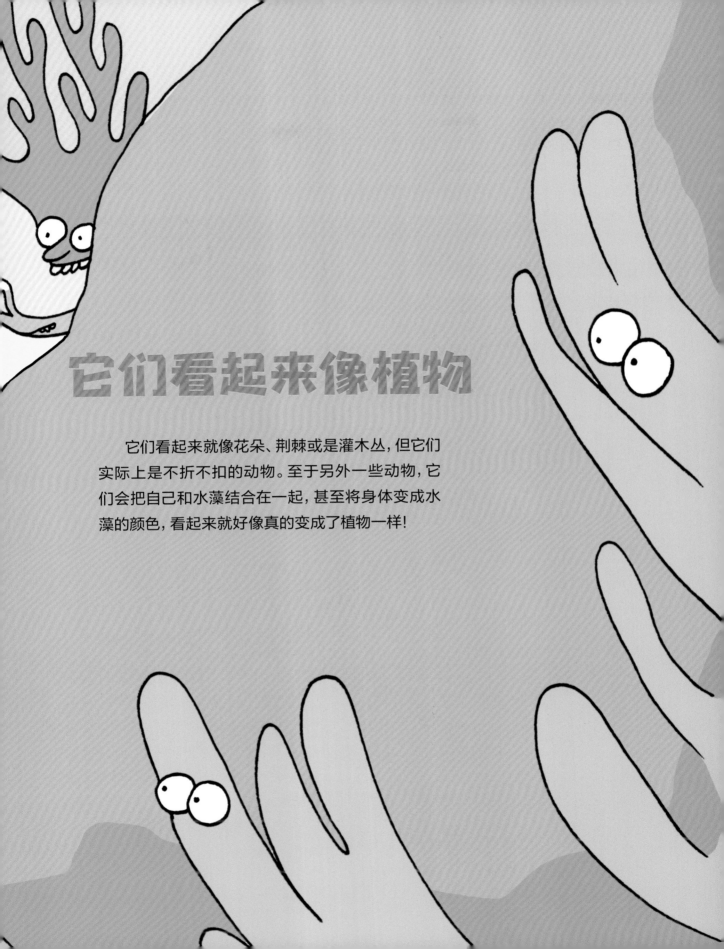

它们看起来像植物

　　它们看起来就像花朵、荆棘或是灌木丛，但它们实际上是不折不扣的动物。至于另外一些动物，它们会把自己和水藻结合在一起，甚至将身体变成水藻的颜色，看起来就好像真的变成了植物一样！

绿叶海蜗牛

绿叶海蜗牛是一种长得像树叶的海蛞蝓,它们的消化管看上去很像植物的叶脉。在阳光下,它们会把含有叶绿素的身体舒展开,像植物一样利用这些叶绿素通过光合作用来获取营养。

动物学分类: 软体动物门腹足纲
地域分布: 大西洋西部
生存环境: 海边的潟湖或池塘中
体长: 最长可达6厘米
食物: 没有!

有关它们的名字,你还应该知道的……

绿叶海蜗牛,学名 *Elysia chlorotica*,在希腊语中的意思是"浅绿色的艾丽西亚(一位女神的名字)"。

◀ 与众不同的绿叶海蜗牛

绿叶海蜗牛在幼体阶段会食用丝状藻类，却不会将其完全消化排出，而是把藻类中所含的叶绿体贮存到自己的细胞质中，这些叶绿体里充满了叶绿素。植物在太阳光的作用下，利用叶绿素产生糖分，这就是我们熟悉的光合作用。而在绿叶海蜗牛体内，叶绿素也发挥着同样的作用，效力可以维持一年，而这些海蜗牛的寿命也只有一年左右，所以它们可以不吃不喝地度过一生！

绿叶海蜗牛所属的大家庭 ▶

腹足纲动物可能是除昆虫外最具多样性的动物类型了，包含了各种螺类和蛞蝓类动物，目前已知的种类已经超过10万种。在海蛞蝓类动物中，包含了像扇羽海牛这样色彩鲜艳又极具毒性的成员，但也有一些种类，其色彩只是为它们提供了极佳的伪装而已。绿叶海蜗牛的颜色让它们看起来很像一片海藻，对掠食者来说，这可不算什么美味佳肴！

你知道吗？

偷叶绿素的贼

叶绿素只有在它所属的天然环境中才能发挥作用，也就是说它需要生长在植物细胞中。但在绿叶海蜗牛体内，它却存在于动物细胞内，这一点非同寻常。这是因为在绿叶海蜗牛体内保存了它们所吞食藻类的基因。事实上，绿叶海蜗牛的属性并没有完全变成植物，因为它们并不会独自产生叶绿素。每一代个体需要自己储备好生命所需的叶绿素。

鹿角珊瑚

鹿角珊瑚看上去像是一片棕绿色的灌木丛，但它们实际上是由一群珊瑚虫形成的，这些珊瑚虫个体很像某种极小的海葵。每只珊瑚虫都长有一圈小触手，能够捕获漂浮在水中的微型动物和微型藻类。这些珊瑚虫会共同组成一整块石灰质的"骨架"（也称珊瑚石），如此一来，每只生活在其中的个体都能更加安全。

动物学分类: 刺胞动物门珊瑚纲

地域分布: 所有水温较高的海域

生存环境: 最深可达海下20米的海底

规模: 最大可达2.5米

食物: 浮游生物

有关它们的名字，你还应该知道的……

摩羯鹿角珊瑚，学名*Acropora cervicornis*，在希腊语中是"分支末端都呈现鹿角的形状"的意思，珊瑚是指"像花一样的动物"。

◀ 与众不同的鹿角珊瑚

鹿角珊瑚的颜色是由虫黄藻决定的，这是一种生活在珊瑚虫体内的微型藻类。这样的生存环境对虫黄藻来说非常理想，因为既能够有效躲开那些植食类海洋动物的掠食，也能够获得光合作用所需的阳光。它们能产生充足的糖分，足够供给它们的宿主。如此一来，珊瑚的绝大部分食物都来自这些虫黄藻，而不必自己费力捕食。这是一种真正的共生关系，珊瑚虫和虫黄藻都是获利者。

鹿角珊瑚所属的大家庭 ▶

珊瑚纲动物一共有约7300种，其中有一些习惯独居，剩下的则是群居性动物。有时候，珊瑚的石灰骨架会非常庞大，从而形成珊瑚礁或珊瑚岛。比如澳大利亚的大堡礁，它的面积和德国的国土面积几乎一样大。每一只珊瑚虫都是微小的，但它们组成的珊瑚礁在月亮上都能看得见！

冷水珊瑚礁

大多数珊瑚生活在温度较高海域的浅海地区，这样的条件也很有利于它们的共生藻类生长。但冷水珊瑚其实也是存在的，它们生活在黑暗中，也没有藻类共生。比如一种叫作洛菲利亚的冷水石珊瑚便可以在3000米深的海底形成大块的珊瑚礁。不过这些珊瑚的生长速度十分缓慢，而捕鱼人员使用的深海拖网也会严重威胁到它们的生存。

红色柳珊瑚

红色柳珊瑚看起来有点儿像一种呈扇形的扁平红色灌木。和普通珊瑚一样，它们也是由一群珊瑚虫组成共同的骨骼结构（珊瑚石），不同之处在于这个珊瑚是角质的，而不是石灰质。每只珊瑚虫都拥有8条触手。柳珊瑚总是顺着水流的方向生长，这样能让珊瑚虫捕捉到更多的浮游生物和食物颗粒。

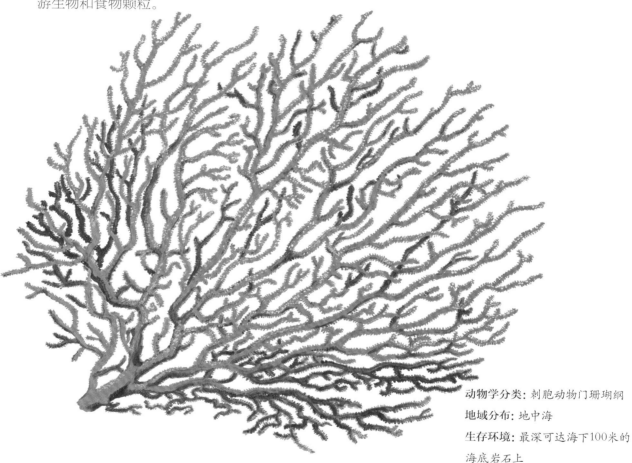

动物学分类：刺胞动物门珊瑚纲

地域分布：地中海

生存环境：最深可达海下100米的
海底岩石上

规模：1米

食物：浮游生物

有关它们的名字，你还应该知道的……

柳珊瑚，属名*Paramuricea*，在希腊语中的意思是"带尖儿的棘刺"。它的法语名字gorgone，来源于希腊神话中恶名昭著的蛇发女妖戈尔贡的名字。

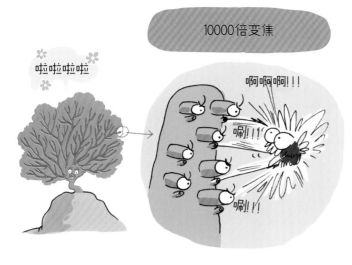

◀ 与众不同的柳珊瑚

跟水母和海葵一样，柳珊瑚的珊瑚虫也长有刺细胞，这也是这个动物门类的特征。每个刺细胞都长有刺针状纤毛。即使只是被轻轻触到，刺细胞都会向外刺出一支微型"鱼叉"（大概只有0.01毫米长），并向对方注入一种能令身体麻痹的毒液。刺细胞在每次使用后都会受损，但很快便能重生。这些刺细胞给柳珊瑚提供了捕食猎物和抵御天敌的武器。

柳珊瑚所属的大家庭 ▶

以前，柳珊瑚被分在植虫动物类别中，就是"动物形植物"。自然学家们认为它们是介于动物和植物之间的一类物种。同样，红珊瑚也曾被称为"石树"，因为当时的人认为它们是植物向矿物过渡的一个中间形态。到了18世纪，柳珊瑚和珊瑚才重新回到动物大家庭的怀抱，但人们仍然把它们称为"像花一样的动物"！

你知道吗？

古老的珊瑚

生物学家估算出了一种叫作雷奥帕特斯的黑珊瑚标本的生存年代，这种与海葵有亲缘关系的黑珊瑚生活在海下500米的深处，跟柳珊瑚有些相像。在这些黑珊瑚标本中，生物学家们发现了一些这个星球上最老的居民，它们大约已经超过4000岁了！当然，这实际上是整个珊瑚骨架的年龄，因为它是随着珊瑚虫繁衍而不断生长的。不过，由于生长得很慢，这些黑珊瑚的高度都不超过2米。

羽星

羽星看起来很像植物，但它们能利用15~20条钩状蔓枝移动。大多数时候，它们都满足于漂浮在水流中，通过5对羽枝捕获水中的小型浮游动物。它们的嘴长在腹部，位于蔓枝中间。它们的身体被分节的石灰质甲片保护着，这种构造也更有利于它们在水中的移动。

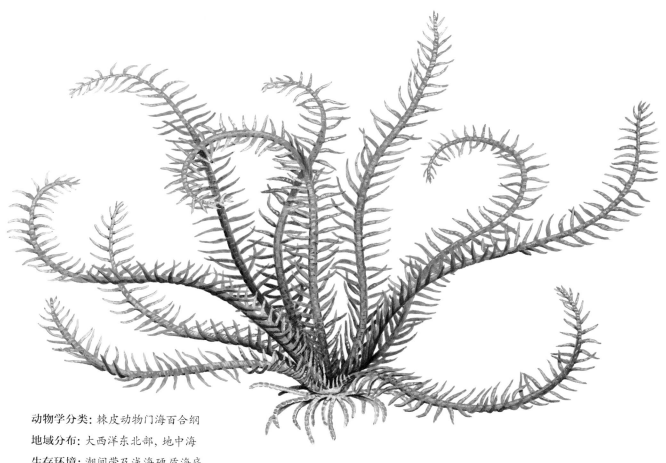

动物学分类： 棘皮动物门海百合纲
地域分布： 大西洋东北部，地中海
生存环境： 潮间带及浅海硬质海底
规模： 约15厘米
食物： 浮游动物

有关它们的名字，你还应该知道的……
羽星目动物，也被称为"海中的舞者"或"海中的羽毛"。

◀ 与众不同的羽星

如果其中一条羽枝被鱼咬住了，羽星通常会选择"自切"，以避免被整个吞食掉。而这条断掉的羽枝随后会重新生长出来。更有甚者，即便腹部遭到掠食者攻击而严重受伤，它们也能够使整个肠道复原。这种惊人的特殊能力引起了生物学家的高度重视，他们正在努力搞清楚这些动物的再生机制。

羽星所属的大家庭 ▶

羽星属于棘皮动物门，这个大家庭中还包括海胆、海参（包括海猪）和海星等动物。具体来说，羽星属于海百合纲，这类动物在海洋中已经生存了超过3亿年。中生代是羽星目动物最为鼎盛的历史时期，一共有超过500种之多。羽星基本都生活在热带海域，只有一种叫作海羊齿的同种小型动物例外。

你知道吗？

遗传

羽星拥有10条羽枝，大部分海星则有5条腕，海胆的壳也是分为5部分。大多数动物都分为左右两侧，我们称之为"两侧对称"。而棘皮动物则是"五辐射对称"。羽星、海星和海胆拥有共同的祖先，它们的祖先可能生活在距今6亿多年前，它们正是从这个祖先身上遗传了这一不同寻常的对称特点。

它们是些没头没尾的 "巨人"

那些没头没尾的动物往往都身材娇小。但在海洋深处，有一群同样没头没尾的动物却无忧无虑地生长着，有些甚至长到了惊人的尺寸，其中一些成员甚至可以和抹香鲸一争高下！

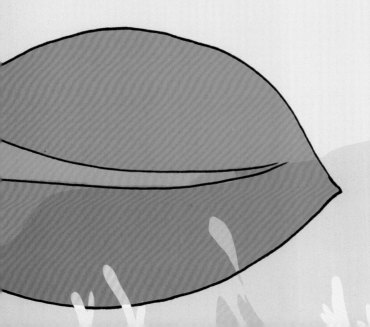

一它们是些没头没尾的"巨人"

巨型管虫

动物学分类: 须腕动物门

地域分布: 太平洋

生存环境: 洋底火山断裂口附近

体长: 最长可达2.4米

食物: 细菌

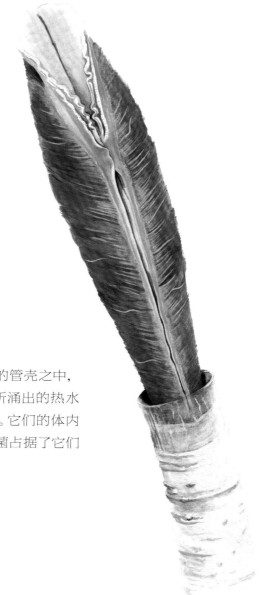

　　这些巨型管虫都生活在几丁质的管壳之中,位于2000~3000米深的海底热源所涌出的热水周围,通过红色的羽状鳃进行呼吸。它们的体内生活着数以十亿计的细菌,这些细菌占据了它们重量的一半!

有关它们的名字,你还应该知道的……

巨型管虫,学名*Riftia pachyptila*。*Riftia*代表这些动物生活在海底火山脉的断裂处,*pachyptila*代表这些动物的鳃羽(红色的鳃)。须腕动物,意思是"长有胡须的"动物。

◀ 与众不同的巨型管虫

巨型管虫既没有嘴，也没有消化道！它们依靠生活在体内的细菌获得日常所需营养。这些细菌能够从海下热流释放的硫化氢中汲取能量，并与水中的二氧化碳发生作用，形成糖分，和植物利用阳光完成光合作用的原理一样。巨型管虫能够直接享受这些微生物所生成的养分。这种结合对巨型管虫和细菌来说都是不可或缺的，所以这是一种共生关系。

巨型管虫所属的大家庭 ▶

须腕动物大家庭包括了大约150种不同的动物。与巨型管虫有亲缘关系的庞贝虫，能够忍受80℃的高温。而它们的另一个亲戚——食骨蠕虫也同样没有消化道，生活在2000~3000米深的海底，以死去的鲸鱼骨头为食，它们通过一些树根形状的器官来吸收营养物质，再让体内的细菌进行分解消化。

你知道吗？

深海"绿洲"

在海面下2000米深的地方，黑暗笼罩着一切，没有任何植物能在这样的环境中生长，因此深海海底往往非常荒芜。不过在这样高温高压的极端条件下，仍然生活着一些"嗜极"细菌，海底的水热资源能够为这些细菌提供能量。细菌可以为深海蠕虫提供食物，而这些蠕虫又会成为螃蟹和鱼的食物，如此一来，这里就仿佛变成了一片深海绿洲，很多不同种类的动物都会来此定居。

甘氏巨螯蟹

动物学分类: 节肢动物门甲壳亚门

地域分布: 太平洋, 近日本地区

生存环境: 最深可达海下600米的海底

大小: 最大可达3.8米, 体重可达20千克

食物: 动物尸骸

　　这是一种体形很大的蜘蛛蟹, 它们拥有很长的蟹足, 背甲上覆盖有棘刺和结节。像所有蟹类动物一样, 它们的头部和胸部也结合在一起, 头胸部上长有两只眼睛、上颚和口部的其他部分以及5对蟹足。雄性巨螯蟹的螯肢特别长。人们估计它们的寿命能达到一个世纪之久。

有关它们的名字, 你还应该知道的……

巨螯蟹, 也叫巨型蜘蛛蟹, 学名*Macrocheira Kaempferi*, 在希腊语中的意思是"巨长的足"。

◀ 与众不同的巨螯蟹

巨螯蟹生活在深海中，不过潜水者有时在海面下20或30米的深处也能看到它们的身影，这是因为雌性巨螯蟹会选择在靠近海岸的水域产卵。这里的海水温度更高，有利于它们的繁衍。和其他螃蟹一样，它们本身没有任何攻击性，在受到威胁时也喜欢躲起来。它们的蟹螯很长，但也相对脆弱。它们会捕捉那些速度更慢的小动物为食，而死去的动物尸骸和藻类是它们的主要食物。在日本，它们被大量捕捞和食用，以至于种群数量变得越来越少。

巨螯蟹所属的大家庭 ▶

蟹类在动物学分类中归属于短尾下目，目前已知的这类动物约为4700种，而人们还会时不时发现新的品种。如果我们只计算背甲的大小而不包括蟹足，那么最小的蟹只有1.5毫米宽，最大的蟹是塔斯马尼亚帝王蟹，能够达到46厘米（巨螯蟹也有40厘米宽）。蜘蛛蟹这一类别也有超过1000个不同种类，其中的成员也各不相同。

你知道吗？

巨型蜘蛛

如果在陆地上生活着和巨螯蟹同样大小的蜘蛛，你能想象到吗？随着个头儿越来越大，它们背甲的重量也会明显增加很多。如果一只蜘蛛长到一辆汽车大小，它将无法支撑起自己的体重！另外，昆虫们特有的呼吸系统也限制了它们的身材，使其不会超过几厘米。在海洋中，甲壳动物能够浮在水中，用鳃呼吸。所以，尽管世界上没有巨型蜘蛛，却可以想象在海洋中有巨型大虾的存在！

大王酸浆鱿

大王酸浆鱿的外形与普通乌贼基本一样，也拥有流线型的细长身材。它们的头上有8条腕足和2条触手。每条腕足上都长有吸盘，协助它们捕获猎物或对抗抹香鲸的掠食。有些吸盘上还长有可根据猎物所在方向而旋转的倒钩。它们的角质喙看起来很像鹦鹉的喙。人们对它们的生活方式了解得很少。

动物学分类: 软体动物门头足纲

地域分布: 南极大陆附近海域

生存环境: 最深可达2000米的海洋深处

体长: 最大可达20米

食物: 可能是各种鱼或小型乌贼

有关它们的名字，你还应该知道的……

大王酸浆鱿，学名*Mesonychoteuthis hamiltoni*，在希腊语中的意思是"中间长有钩爪的乌贼"，头足纲动物意为"头上长足的一类动物"。

◀ 与众不同的大王酸浆鱿

大王酸浆鱿生活在深海中，阳光无法照射到如此深的海下。但是，这里生活着很多能发光的动物，大王酸浆鱿懂得如何很好地利用这些光源。它们眼睛的直径足有30~40厘米，是已知动物中最大的。它们脑容量中有相当一大部分用在了处理视觉信息方面。虽然一只300千克重的大王酸浆鱿的大脑不过才100克重，但相比其他无脊椎动物来说仍然显得出奇的大！

大王酸浆鱿所属的大家庭 ▶

把大王酸浆鱿归到"小型动物"中，显然很奇怪。不过它们在动物学分类中属于头足纲，这类动物包括鹦鹉螺、章鱼、乌贼和鱿鱼等。目前已知的头足纲动物大约有800种，其中有一些甚至不足1厘米长。大王酸浆鱿可以说是软体动物中的巨无霸。实际上，它们拥有十几米长的身体，即便在整个动物界中这也算得上个"巨人"了！

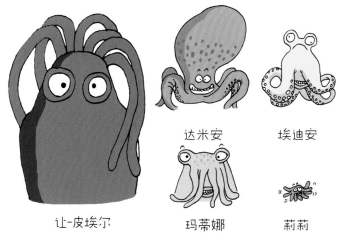

让-皮埃尔　　玛蒂娜　　　莉莉　　达米安　　埃迪安

你知道吗？

深海传说

目前已知最大的大王酸浆鱿，其大小是根据现有的局部标本估算出来的。根据在抹香鲸的胃里发现的角质喙，人们认为可能还存在更大的个体，甚至可能会超过25米长。在整个海洋中，深海区域超过90%。当我们在完全黑暗的环境中潜行时，很难注意到周围的"居民"。所以，谁又能确定没有未知的巨型怪兽躲在某个角落里呢？

我没头没尾